Кофе
Espresso

Coffee
Café Кофе
Espresso

Coffee
Cappuccino
Кофе

cino Café
Café Coffee
Café Кофе
Cappuccino
Coffee Kaffee

uccino
Cappuccino
Café
Kaffee
Espresso
Coffee
фе
Café
Café
Cappuccino

手冲咖啡
完美萃取

丑小鸭咖啡师训练中心／编著

青岛出版集团 ｜ 青岛出版社

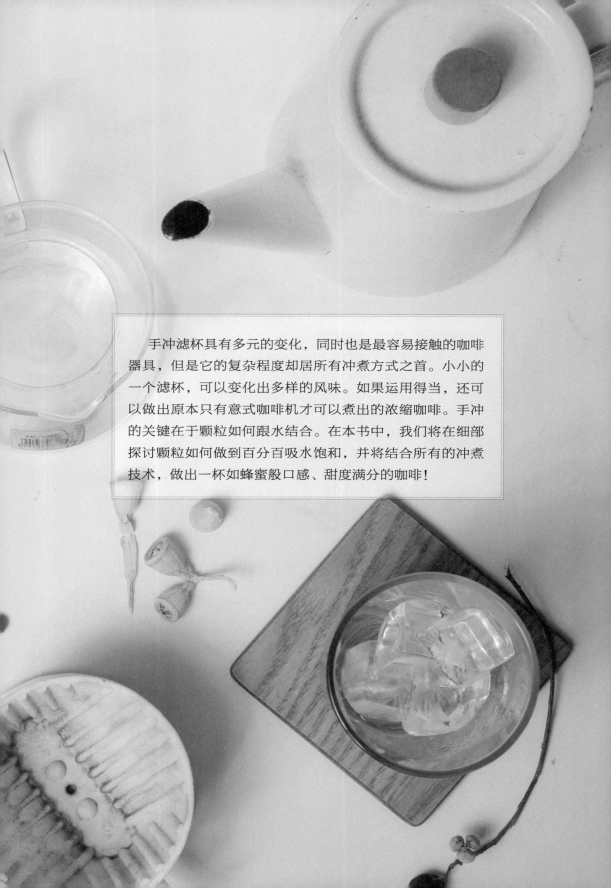

　　手冲滤杯具有多元的变化，同时也是最容易接触的咖啡器具，但是它的复杂程度却居所有冲煮方式之首。小小的一个滤杯，可以变化出多样的风味。如果运用得当，还可以做出原本只有意式咖啡机才可以煮出的浓缩咖啡。手冲的关键在于颗粒如何跟水结合。在本书中，我们将在细部探讨颗粒如何做到百分百吸水饱和，并将结合所有的冲煮技术，做出一杯如蜂蜜般口感、甜度满分的咖啡！

Contents
目录

Part 1　手冲咖啡的滤杯：扇形与圆锥

● 圆锥的经典

Hario V60 与河野 KONO　8

Hario V60 设计概念与冲煮示范　10

河野 KONO 设计概念与冲煮示范　14

改良的 KONO 滤杯———丑小鸭的萃取概念　18

● 冲煮用最佳的滤杯———扇形滤杯

三洋滤杯的设计与冲煮示范　22

Melitta 1×1 唯一将圆锥与扇形结合的超强滤杯　28

Melitta 的给水模式　30

Melitta 滤杯与选择性萃取的完美搭配　32

选择性萃取高浓度冲煮示范　36

烘焙校正萃取示范　38

选择性萃取应用：媲美义式咖啡机的手作浓缩　42

Part 2　选择性的应用萃取，烘焙曲线的对应与调整

● 烘焙曲线的概念

所谓的咖啡烘焙　51

生豆与温度的关系、烘焙时间的来源　56

烘豆机的基本架构　58

● BRR（入豆温）的判断点———美拉德反应与焦糖化　59

● 以甜味为主轴　62

　　如何判断入豆温　64

　　"一爆"的意义　66

　　"二爆"与深度烘焙　68

● 加火的必要性与一火到底的差异性———回温点与MET　70

● 烘焙中的酸甜比例与转化糖的概念　72

Part 3　咖啡小百科

● 关于生豆　76

● 关于保存　78

● 关于器具　86

● 关于冲煮　102

● 关于水质　124

● 所谓的浓度与萃取率　126

Part 1 手冲咖啡的滤杯：扇形与圆锥

- **圆锥形滤杯**
  Hario V60｜河野 KONO

- **扇形滤杯**
  三洋滤杯｜Melitta1×1

手冲咖啡给人的第一印象，大概就是运用各种不同的滤杯来冲煮咖啡吧！滤杯以外形来分辨，大致可分为圆锥形与扇形两种；而以功能来区分，则可归纳为冲刷、浸泡与虹吸等三种。其中唯一具有虹吸功能的滤杯是河野式（KONO 名门虹吸式滤杯）。

　　扇形与圆锥形滤杯的最大差别，在于粉量的集中程度。在相同的情况下，圆锥形滤杯可以增加粉量吸水的饱和度。因此，用圆锥滤杯所冲煮出来的咖啡的风味，也会比扇形滤杯明显且浓烈。

[圆锥形]　　　　　[扇形]

风味　　　　　　　　浓郁

Hario V60 与河野 KONO

圆锥滤杯中较为独特的就是Hario V60。

Hario V60的设计是单纯的冲刷，以螺旋状的肋骨来产生扭挤的功能，增加可溶性物质的释出量。Hario V60的肋骨采用弧形设计是为了拉长肋骨的长度，以延长水与咖啡颗粒结合的时间。

Hario V60设计概念与冲煮示范

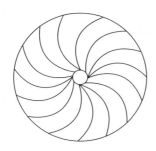

设计概念

肋骨的弧形设计是为了延长水停留在杯中的时间。

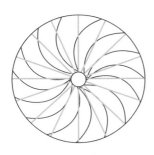

1.蓝色的部分是表示直线的肋骨，与黑色相较，水的路径短了许多。将肋骨适当弯曲，除可延长水的路径外，弧形肋骨还会在水位下降期间，将水流往中心集中，以产生挤压的功能。

2.水位在下降时，水流会顺着螺旋状肋骨往中心集中，这个动作就如同拧毛巾时的状态一样，会将水中的咖啡颗粒做一次性的挤压。为了将"挤压"这个功能最大化，在给水时要注意，水位不可以超过粉层的高度。

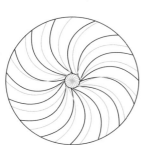

3.如果水位过高，过多的水量会导致水往滤杯的方向流。这样会导致咖啡颗粒的饱和度大幅降低，口感上也会变得偏薄且具有水感。

TIPS

☞ 判断水位是否过高

除了可以从表面观察，萃取水柱也是一个观察重点——水柱如果集中垂直，表示给水量适中。

如果萃取水柱有偏斜，那就表明水量过大。过多的水量会压迫着水流往阻力小的地方流，导致咖啡颗粒萃取程度大大降低。

(1)

在给水一开始，就应该缩小范围，可按一元硬币的面积范围重复给水。

(2)

同时，要注意此时的水位不应该有任何的上升。

(3)

给水以一圈为原则，不需太多。如果水位有升高，就要马上停止给水。

(4)

给水到底部有小水柱产生时，就代表咖啡颗粒之间的过滤层都已经产生，接下来的给水，只要从中间注入即可。水位要控制在粉层高度，避免过多的水量往滤纸方向流走。

(5)

持续绕圈（绕圈速度要缓慢，落水要扎实），当水位接近分层高度时就停止给水。

(6)

当绕圈给水结束后，表面泡泡的面积会越来越大。当泡泡占满大部分面积时，就表示咖啡颗粒已经接近饱和。此时可以用冲水的方式让咖啡颗粒翻动，让Hario V60产生扭挤的功能。

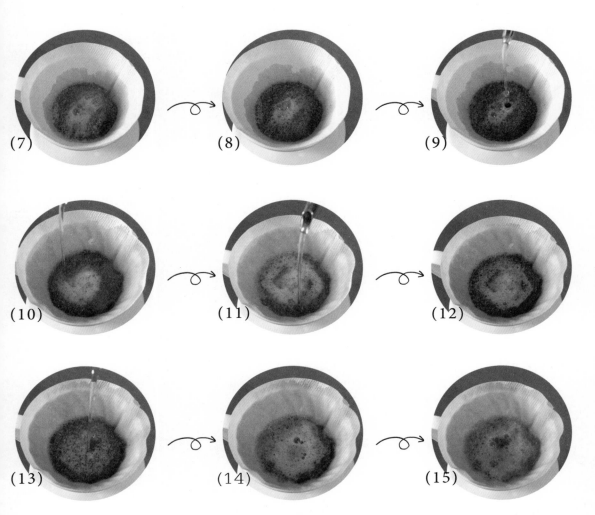

冲水时，水柱要从中心点注入。水柱应该强劲有力，而不是将水倒在粉层表面而已。

这时水位需要增加，以确保HarioV60扭挤的功能可以确实产生。

水位增加的幅度只需高于原本粉层高度即可。

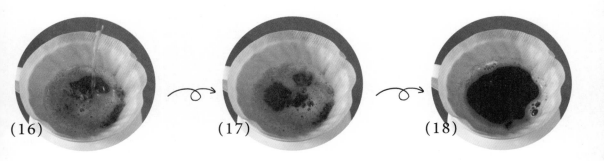

河野 KONO 设计概念与冲煮示范

冲煮的条件

颗粒粗细 小富士 #3

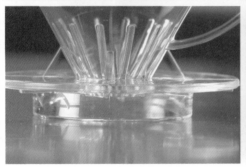 

KONO 的虹吸萃取（气压式萃取）

　　除Hario V60外，另一个较为独特的圆锥滤杯是KONO。它的肋骨是直条状，而深度只有一般滤杯的1/3。如果将滤纸放入滤杯后加水弄湿，会发现滤纸在没有肋骨的地方紧贴着杯壁，形成密闭的状态。虽然看似排气极差，但却造就了KONO独一无二虹吸式（气压）萃取。

设计概念

虹吸式萃取

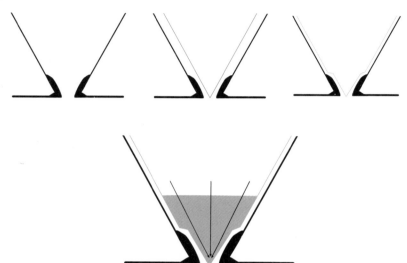

　　滤纸在吃水后，会贴在KONO的滤杯壁上。此时，唯一有空气流动的部分，就是底部凸起的肋骨所产生的空间。在有限的排气空间中，如果要增加空气的流动量，滤杯的水位就要增加，利用水的重量往下压，同时让滤纸和滤杯壁发生密合效应，产生有如虹吸效应的下抽反应。

抽取效应产生时，不单单是水位下降加速，抽取力道也会带动水流，将咖啡颗粒内部的可溶性物质一起带出，使咖啡在口感上显得特别醇厚。

要让可溶性物质可以随下抽的水流被萃取出来，必须确保咖啡颗粒吸取到最大的水量。所以，在开始时可以用滴水的手法，确保所有颗粒吃水饱和。同时，当水往颗粒底层下去时，滤纸会因为吃水而贴在滤杯壁上。此时滤杯底部就会产生小水柱，形成密闭效果。而此滴水的过程，也让多数的咖啡颗粒达到最佳的饱和度，这也是用KONO滤杯所冲煮的咖啡口感极佳的重要环节。

（冲煮示范）

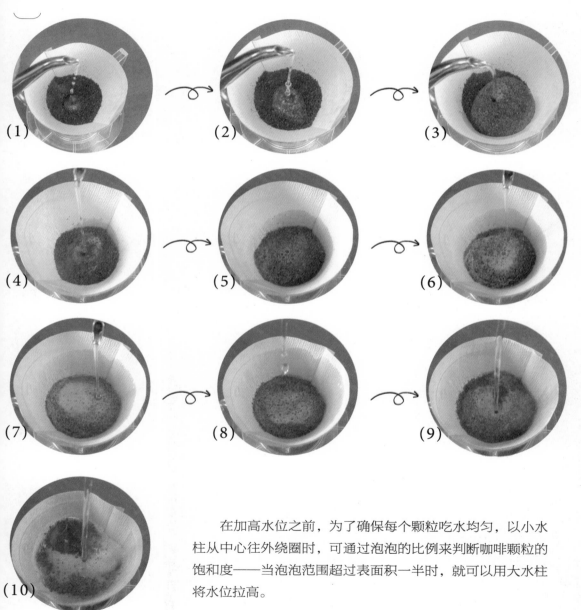

（1）　（2）　（3）
（4）　（5）　（6）
（7）　（8）　（9）
（10）

在加高水位之前，为了确保每个颗粒吃水均匀，以小水柱从中心往外绕圈时，可通过泡泡的比例来判断咖啡颗粒的饱和度——当泡泡范围超过表面积一半时，就可以用大水柱将水位拉高。

改良的 KONO 滤杯——丑小鸭的萃取概念

改良的目的——
更简单的冲煮模式

KONO在诞生90周年时，将滤杯做了一些改进，顺势推出了纪念版滤杯（左页照片），同时也将前述的缺失做了相当到位的改善。设计特点在于是缩短了咖啡液的出口处以及下座环状的距离。

前文有提及，这个部分的构造可以集中抽取气流，让KONO滤杯本身的虹吸式萃取可以有效延续。而出口处缩短的主要目的，是为了让抽取的力道不要太集中，让咖啡颗粒的可溶性物质得以延长与空气接触的时间。这么一来，香气和浓度就可以有效提升。

萃取出口路径的缩短，其

实会影响虹吸效应。为了确保虹吸效应的完整，KONO滤杯在肋骨的部分也做了适度调整——将肋骨的长度缩短，并且将厚度也降低了一些。这些调整都是为了要确保滤纸在吸水时，能更紧密地贴在滤杯壁上，以防因萃取出口路径变短而造成抽取力差异过大。

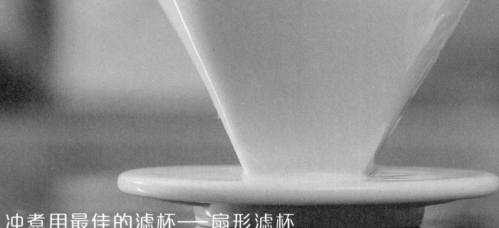

冲煮用最佳的滤杯——扇形滤杯

● 三洋滤杯的设计与冲煮示范

● Melitta 1×1 唯一将圆锥与扇形结合的超强滤杯 ⎨ Melitta 与三洋的差异点
Melitta 的优势
Melitta 的给水模式
Melitta 滤杯与选择性萃取的完美搭配

三洋滤杯的设计与冲煮示范

冲煮的条件
颗粒粗细 小富士 #3

同时具备冲刷与浸泡的功能，像三洋出产的扇形
单孔滤杯与 Melitta 出产的扇形单孔滤杯。

　　从侧边来看，照片左侧的三洋滤杯深度较深，右边的Melitta滤杯较浅。在两个滤杯里放入相同分量的咖啡颗粒时，三洋滤杯的深度将给予颗粒更多的时间和水结合，而此设计是为了让颗粒吸收更多的热水，并在接下来的水位下降时，带出更多的可溶性物质，让口感变得更扎实厚重。而内部肋骨明显增高的设计，则可确保排气的效果。在底部的部分，三洋滤杯也有小巧思，那就是将底部稍微加宽，使得热水可以停留得再久一点，让水流往底部集中时不会马上流走，以增加颗粒与水的结合度。

左：三洋滤杯　右：Melitta 滤杯

（冲煮示范）

1.三洋滤杯和Kalita三孔滤杯的给水模式大同小异，但是因为它拥有优良的空气流动效果，所以只要在给水的手法上稍做改善，就能让Kalita无法带出的浓郁口感在三洋滤杯上得到明显的加强。

2.明显突起的肋骨，给予三洋滤杯极佳的空气流动效果，这不但能让粉层的表面的水加速往底部流去，而且可以避免水在粉层表面停留过久。所以，我们可以放心用小水柱，仔细地将表层咖啡颗粒铺满水。

3.重复用小水柱以"の"形方式铺水时，表面会产生泡泡，颜色接近深褐色。铺水的过程请注意圈不要绕得太大，以避免水柱浇淋到滤纸。如果水浇淋在滤纸上，会导致热水未流经咖啡颗粒，就直接从滤纸上流到咖啡壶里，从而冲淡原本的咖啡浓度。最差的状态，还会让冲煮好的咖啡产生涩味。

4.如图示，每次绕到最外圈时，要和滤纸保持一定的距离。

5-10.持续给水至所需的萃取量。

冲煮示范

"
泡泡所分布的面积越大，代表咖啡颗粒的吃水比例相对越高。而泡泡的颜色之所以会由深褐色慢慢转淡，是因为排气量会随着咖啡颗粒内部的空间大小而变化。
"

随着铺水次数变多，泡泡的面积会一直变大。这些泡泡是颗粒内部的排气通过粉层里的水时所产生的。所以，当泡泡所分布的面积越大，就代表颗粒吃水的比例相对越高。而泡泡的颜色之所以会由深褐色慢慢转淡，是因为排气量会随着咖啡颗粒内部的空间大小而变化。一开始，内部空间大、排气量大，随之排出的物质较多，泡泡的颜色也会偏深褐色；一旦泡泡颜色转淡，也就表示颗粒内部已趋近饱和，此时就要让剩余的可溶性物质尽快释放，以免浸泡过度而释出涩味。

（照片中的冲煮顺序为左上→右下）

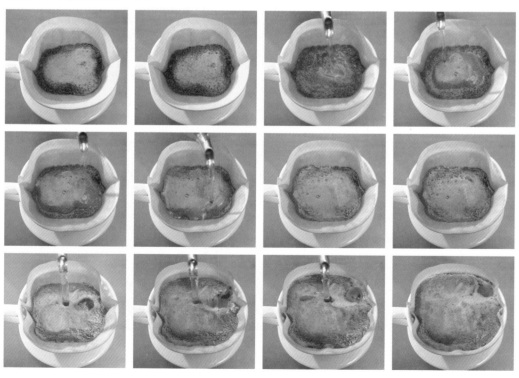

26

铺水时要注意，水柱不要忽大忽小，更不可以有水柱间断的情况产生。

上图中所有泡泡的颜色都非常接近，这代表给水的水柱稳定。咖啡颗粒在排气的过程中，不会因为水量忽大忽小，而导致部分区域排气异常旺盛或偏弱的状况产生。

而接下来的冲煮就是要让吃水饱和的颗粒释放出可溶性物质。因此，当我们看到粉层表面的状态如上图所示时，就需要增加水量，利用水的牵引力带出咖啡颗粒中的可溶性物质。

Melitta1×1唯一将圆锥与扇形结合的超强滤杯

冲煮的条件

颗粒粗细 小富士 #3

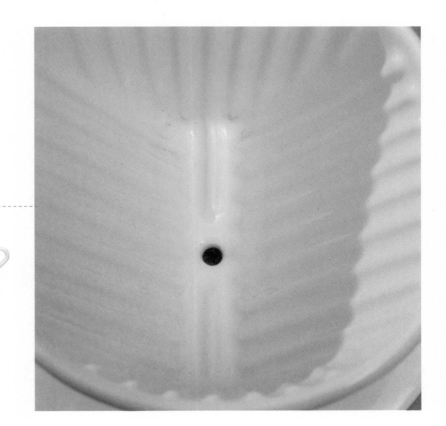

Melitta 滤杯

Melitta底部变窄看似是一个缺陷，但是只要稍微改变一下给水方式，它会摇身一变成为同时拥有扇形与圆锥特性与优势的强大滤杯。

Melitta 的优势

同样是扇形的Melitta滤杯，虽然从外观看没有太大的差异，但只要仔细观察，就会发现Melitta底部的宽度比三洋的滤杯窄了很多。

底部比较宽，会让水在往下降时，多了缓冲的空间，不会让水马上流出滤杯。

之前所提过的圆锥滤杯，为了增加水停留在杯中的时间，会大幅更动给水的手法，让冲煮出来的咖啡演变成以浓度为主要特色，从而降低了口感的厚实度。因此，如果要在口感上有所提升，还是必须以扇形滤杯的架构为主（也就是基本的浸泡功能），并将扇形滤杯的底部尽量拉近变窄，以做出圆锥的基本架构。

Melitta 的给水模式

　　给水的方式中，铺水的模式最能有效增加咖啡颗粒吃水的比例，而滤杯底部变窄时，就能让持续铺水动作所注入的水不容易累积在底部。也就是说，Melitta滤杯有机会让滤杯里所有的颗粒能同时吃到水，还能降低纤维泡水的概率，并且让咖啡颗粒内部的可溶性物质得到最大程度的释出。

　　此时，铺水的概念，实际表现为
　　　☞ 拉开给水的路径。

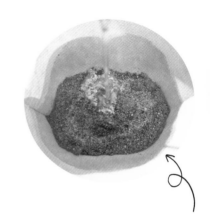

　　以往，在初次进行表面粉层铺水时，都会小心翼翼地以同心圆的方式，一圈一圈地由内往外绕出。随着表面冒出的泡泡不断膨胀，似乎意味着给水的模式完美无误，但我们可能会没注意到，水位却下降得越来越慢。说穿了，这样只是把热水加到粉层表面，而没有让水往下流，时间一久，不只是水位下降缓慢，还有可能带出苦味与杂味。

　　此时，如果将给水路径拉开，就会发现水位下降非常快。

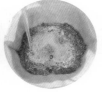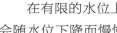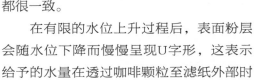

将给水路径拉开后，我们会发现水很快被吸光，这代表颗粒将水分完全吸收；相对于路径接近的给水方式，急遽产生的泡泡反而阻碍了咖啡颗粒的吸水能力。

当密集给水时，我们会发现表面的泡泡会大小不均，颜色深浅也会有差异。

反看右上图，如果是重复最初拉开路径的给水方式，咖啡颗粒产生的泡泡颜色就会趋于一致，泡泡颗粒大小也会相近。这也代表，滤杯里的所有咖啡颗粒吃水率都很一致。

在有限的水位上升过程后，表面粉层会随水位下降而慢慢呈现U字形，这表示给予的水量在透过咖啡颗粒至滤纸外部时是均匀流过的。

这种状态无疑增加了颗粒的饱和程度，并让水可以选择性地萃取所有咖啡颗粒。这种让人意想不到的绝对优势，将在接下来的内容中予以详述。

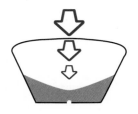

Melitta 滤杯与选择性萃取的完美搭配

高浓度萃取冲煮示范 / 烘焙校正萃取示范

咖啡的烘焙过程，主要目的是得到最大量的转化糖。一旦达到足够的量时，糖浆的水分就会下降，使糖浆开始固化并拉扯到细胞壁，此时断裂的细胞壁会发出声响，同时将水分以蒸汽形态排放到咖啡颗粒外。此阶段产生"一爆"的通道，也是转化糖可以接触热水的通道。

烘焙前　　　　　　　　　　　　烘焙后

上方的两张照片分别是烘焙前与烘焙后的咖啡豆。从外观看，除了颜色上的差异，体积也变大了。

从咖啡豆的切面比较，可以看出烘焙过后的豆开始呈现蜂巢状般的小孔，这就是水分被蒸发之后所产生的空间。

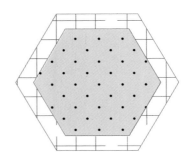

■ 水分
▥ 植物纤维
※ 可溶性物质

生豆在尚未经过烘焙之前，就像图（1）一样——水分被包覆在植物性纤维里。这些小小的空间堆叠出来的，就是一颗咖啡生豆的主要结构。

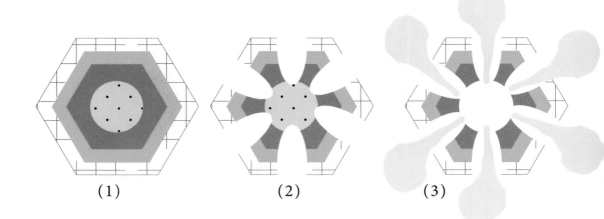

（1）　　　　　（2）　　　　　（3）

生豆开始被加热后所产生的水蒸气会冲开纤维，也会顺势将可溶性物质往边缘带去。如果是浅焙，就会剩下一些水分。焙度越深，水分就会越少，可溶性物质也会呈粉末状。

转化糖本身的亲水性很强，所以只需给予适当的水量，再加上良好的流动性，颗粒饱和的时间，也就是转化糖溶于水的时间就会加快。

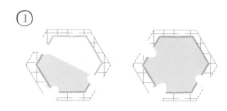 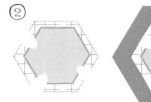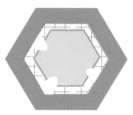

一般来说，颗粒内部吃水要多。实际状况应该是，颗粒会在水中，就像第二张图一样。但是这样会增加颗粒纤维吃水的比例，进而释出杂味和涩味。如果颗粒并非是以吸附的状态将水带至内部，而是流经并带走的方式（第三张图），自然就可以大大降低纤维吃水的机会。

> **为了达到这样的目的，首先要做的就是将整体水量要控制在跟粉量一样高。**

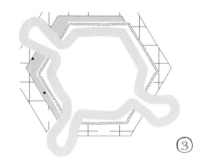

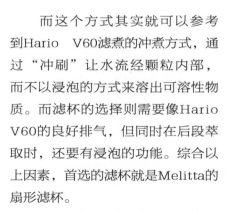

而这个方式其实就可以参考到Hario V60滤煮的冲煮方式，通过"冲刷"让水流经颗粒内部，而不以浸泡的方式来溶出可溶性物质。而滤杯的选择则需要像Hario V60的良好排气，但同时在后段萃取时，还要有浸泡的功能。综合以上因素，首选的滤杯就是Melitta的扇形滤杯。

由于Melitta的扇形滤杯底部比较窄，除可集中水流外，还能间接加速水位下降的速度。

这样一来，Melitta滤杯就可以一直在粉层表面做铺水的动作，加上铺水路径不断重复，粉层吃水就会从面积转成体积的概念。

Melitta滤杯的内部接近V字形，也就是接近所谓的圆锥。如果粉层在给水过程中，水位下降后接近滤杯内部的形状，就代表水流的路径是均匀由内往外的，也就符合之前的给水概念。

这个V字形产生时，就开始第二阶段给水，确保颗粒饱和度，而给水的方式也很简单，对着中心点给水，水位维持不上升。

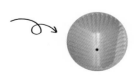

选择性萃取高浓度

第一次给水时不超过原本的高度。接下来每一次给水，只要高于原本水位即可。持续给水到所需的萃取量即可。

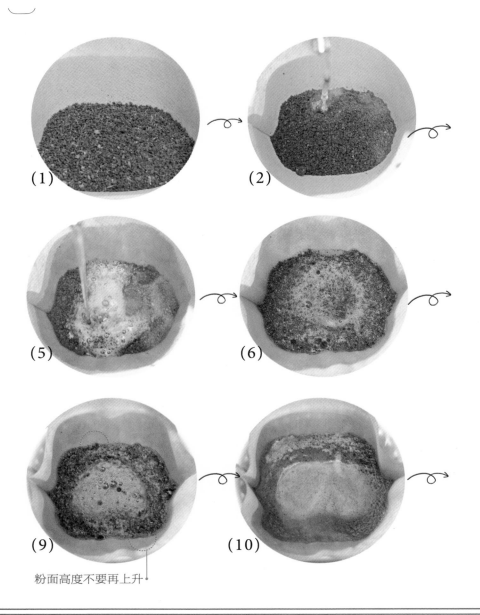

(1)

(2)

(5)

(6)

(9)

(10)

粉面高度不要再上升

手冲壶给水时，水位不要超过粉面高度，萃取比例是1：15（10克咖啡粉萃取出150毫升咖啡液）。

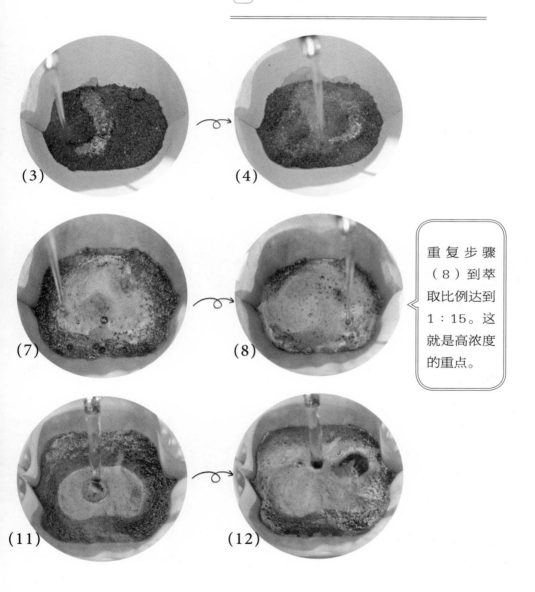

（3）

（4）

（7）

（8）

重复步骤（8）到萃取比例达到1：15。这就是高浓度的重点。

（11）

（12）

步骤示范

烘焙校正萃取

> 开始阶段，用铺水的方式。

（1）　　　　　　（2）

> 表面膨胀渐缓时，就可以做第二次铺水。

（6）　　　　　　（7）　　　　　　（8）

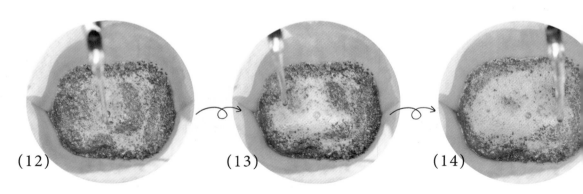

（12）　　　　　　（13）　　　　　　（14）

在水位下降至底部时开始第三次给水。注意，不可超过原本水位高度。

接下来重复第三次给水，检视水位到达时的泡沫面积。

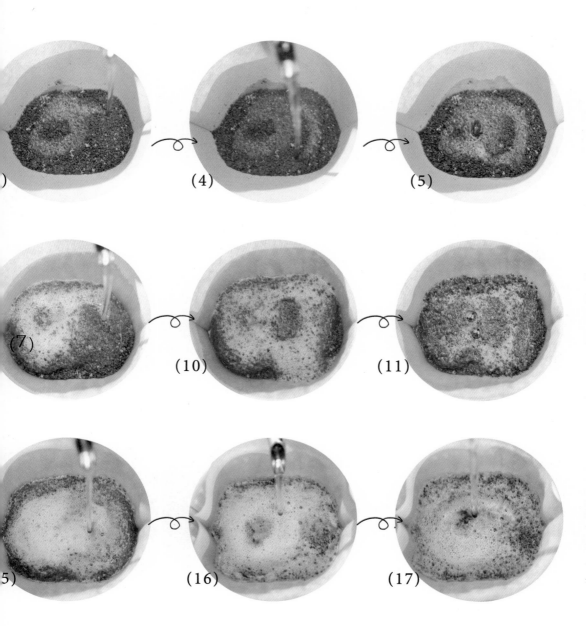

（4） （5）

（7） （10） （11）

（5） （16） （17）

第四次给水，水位到达时　　　第五次给水，水位到达时　　　开始第二阶段给水。
的泡沫面积。　　　　　　　　的泡沫面积。

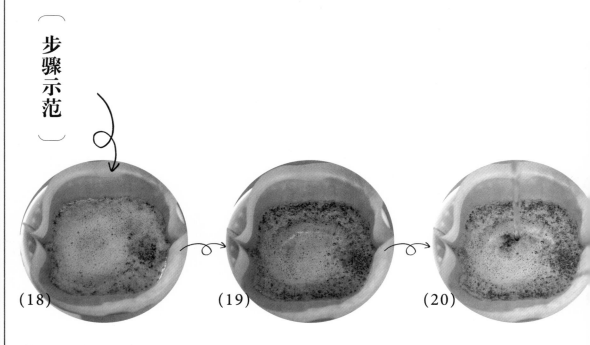

(18)

(19)

(20)

第五次给水结束之后的泡沫面
积，几乎占满了表面，此时就
可以等水位下降至最低。

水位已下降至最低。

开始给水。

下次给水的时间点在水位降至
最低时。

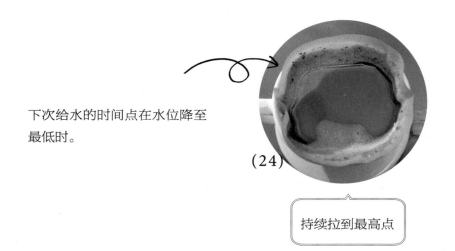

(24)

持续拉到最高点

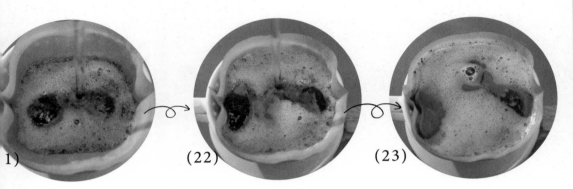

1）　　　　　　　　（22）　　　　　　　　（23）

步骤（21）可重复至所需的
萃取量。选择性萃取所要求
的萃取比例是1∶20。所以，
如果克数是10克，萃取量就
是200毫升。

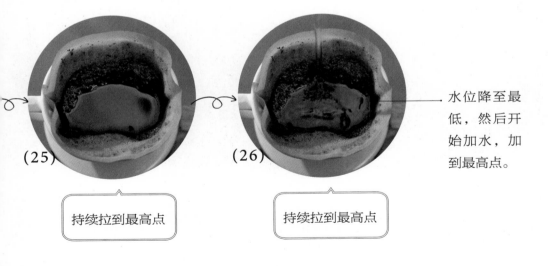

（25）　　　　　　　　　　（26）　　　　　　水位降至最
　　　　　　　　　　　　　　　　　　　　　低，然后开
　　　　　　　　　　　　　　　　　　　　　始加水，加
　　　　　　　　　　　　　　　　　　　　　到最高点。

持续拉到最高点　　　　　　持续拉到最高点

选择性萃取应用：媲美意式咖啡机的手作浓缩咖啡

足以媲美意式咖啡机的手作浓缩咖啡

　　浓缩的基础是含水量最少的萃取液，因此，在给水模式上就不能用一般铺水或是小水柱的方式进行。如果水量一下子过多，就会降低可溶性物质的释出。在浓缩咖啡的制造过程中，要待咖啡颗粒本身饱和之后，再用等量的水量将其萃出。

　　基于此，在给水上要用"点水"的方式来增加颗粒的饱和。滤杯的选用上，则必须是包含浸泡与冲刷两种功能的Melitta SF1×1。在"点水"的供水模式下，为了将水量控制在"适中"范围内，可以使用电子秤作为给水量的检视标准。

　　萃取液含水量最少，重点在于给水的控制，也就是整体颗粒要与给水量接近。如果滤杯里的整体粉量是35克，每次的给水量就必须控制在35毫升左右。这时，电子秤就派上了用场。挑选电子秤时要注意灵敏度，反应太慢或是稳定性太差都会造成给水的误差。

　　Melitta滤杯的底部设计较为接近圆锥形滤杯，水量较容易集中，架构以扇形滤杯为主，所以浓缩需要的萃取率在这个滤杯也是可以达到的。在给水的过程中，集中在中心给水，以中心点向外扩张的方式，使整体粉层的颗粒达到饱和，这是接近圆锥的功能，不必担心水会停滞在滤杯里，进而浸泡到颗粒并带出苦涩味。

制作手作浓缩咖啡的条件

咖啡粉 35g

颗粒粗细 小富士 #2.5

电子秤 一台

有刻度的量杯 一只

萃取量 250 毫升

(1)

(2)

开始阶段，在中心位置持续"点水"，直到有泡沫产生。

(3)

随着"点水"时间拉长，泡沫的面积会慢慢变大。

(4)

这时就要开始绕着泡沫外围"点水"，让表面颗粒吃水均匀。

(5)

慢慢"点水"至最外围时，要避免水"点"到滤纸上。

(6)

持续"点水"至电子秤的重量显示超过35g（+5g是允许范围），第一阶段给水就算完成了。

(7)

这时候可以让颗粒静置30秒，让颗粒继续吸收剩余的热水。

(8)

30秒过后，粉层表面的水分已被吸收，接下来重复"点水"的给水模式。

(9)

待电子秤显示35g就可停止给水，等待30秒或表面无水分残留。直到泡沫铺满表面。

当泡沫铺满表面，就可以开始第二阶段给水了。

(10)　　　　　　(11)

第二阶段用"铺水"的方式从中心开始，以同心圆的方式慢慢绕到外围。

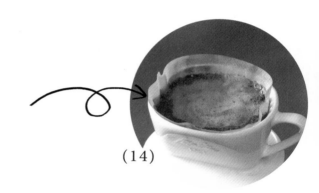

(14)

等待水位下降。

(16)　　　　　　(17)

重复动作，当萃取量到200毫升时停止。

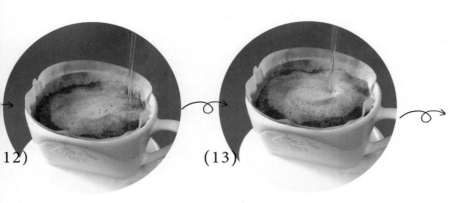

（12）　（13）

停水的时间点：水位达到原本
粉层高度时。

（15）

等到水位降到最低，重复上一
个动作。

可瓶装保存！
可加冰块或牛
奶饮用。

（19）

Part 2　选择性的应用萃取，
##　　　　烘焙曲线的对应与调整

烘焙曲线的概念

诀窍咖啡烘焙
生豆与温度的关系
烘焙时间的来源
烘豆机的基本架构
BRR（入豆温）的判断点———美拉德反应与焦糖化

以甜味为主轴

如何判断入豆温
"一爆"
"二爆"与深度烘焙

● 加火的必要性与一火到底的差异性

回温点与 MET
烘焙中的酸甜比例与转化糖的概念

烘焙曲线的概念

咖啡烘焙诀窍

所谓的"咖啡烘焙诀窍"，就是咖啡生豆在受热过程中，让热力均匀地传导到咖啡豆的内部，使内外的受热一致，从而烘焙出风味绝佳的产品。

咖啡生豆的内部是木质纤维架构，而纤维空间里则富含水分、蔗糖、蛋白质以及油脂等物质。烘焙的目的就在于将内部的水分均匀地释出。在烘焙过程中，不是让咖啡豆由外而内地让水分渐渐变干，而是能够内外一致地使整体的水分释出。

因为生豆的颗粒具有一定的体积，所以在烘焙的过程中，要让设定的火力能够直接透入咖啡豆内部，而非由外部慢慢一点一点进入内部。因为生豆本身就有一定的含水量，所以在烘焙过程中，应该是不断升高温度与火力，来进行对应与调整，让热能可以透入咖啡颗粒的内部。也因为这样的对应关系，才会衍生出所谓的"烘焙曲线"。

烘焙曲线图

| 温度　　●生豆的温度　　—时间

曲线的纵轴是代表温度，横轴代表时间。中间的红线部分，是代表理想状态下，生豆的温度会随时间呈线性增长。

不过，因为咖啡生豆不是片状的形态，而是有厚度的颗粒状，所以温度在透入生豆时，并不会以线性增长的方式进行。烘焙初期，咖啡豆表面会因最先受热而升温，但内部则还是未受热的状态。因此，在烘焙初期阶段整体的温度会先下降，待整体都均匀受热后温度才会开始爬升。因此，咖啡豆的温度和时间变化，是以曲线的形态呈现的。（见下图）

烘焙曲线图

| 温度　● 生豆的温度　— 时间

咖啡豆受热示意图

不论烘焙初始的温度设定（即进豆温）是多少，生豆温度一定会比烘焙设定温度低。因此在进豆时，温度一定会有相当幅度的下降，让开始阶段的烘焙曲线呈下凹的状态，等咖啡豆的内外部温度平衡后，温度才会爬升。

烘焙曲线图

| 温度 — 时间 ●生豆的温度

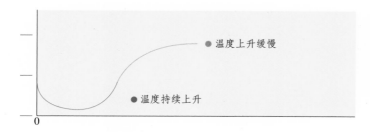

●温度上升缓慢

●温度持续上升

在温度爬升阶段，如果烘焙火力没有适时调升，就会让热力无法持续地透入生豆内部而在表面停留过久，从而导致咖啡表面产生过度脱水的情况；另一方面，曲线爬升的幅度也会趋缓。

时间一旦过长，表面脱水过久，就会让木质纤维产生焦化的现象。如此一来，不但会影响到热能的传导，而且会容易让烘焙好的咖啡豆在冲煮时释放出木质的焦味。

因此，当生豆温度已经开始从底部爬升时，就要适时地将火力提升，让热能可以持续地透入生豆内部，让生豆的表面和内部温度可以渐趋一致。

| 温度 — 时间 ●生豆的温度

●温度持续爬升

在持续加热情况下，内部转化糖浆会呈现糖球状而开始拉扯内部纤维，进而产生通道。这些通道会转为水蒸气释放的路径而产生声响，这就是所谓的"第一次爆裂"，简称"一爆"。

在"一爆"后，热能可以经过通道持续透入咖啡豆内部。水蒸气在释出的同时，温度也瞬间提升，将热能顺势带入生豆中心。

● 生豆温度变化　　● 水蒸气　　● 转化糖浆

| 温度　　— 时间　　● 生豆的温度

如果咖啡豆烘焙得好，生豆会由内到外均匀受热，研磨后的咖啡颗粒吃水均匀度就会高；反之，如果生豆受热不均，甚至中心部分受热不完全，研磨后的咖啡颗粒就会吃水不均。

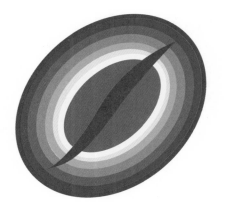 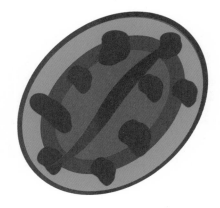

[受热均匀]　　　　　　　　　　　　[内部受热不均]

　　而所谓的"选择性萃取"，就是为了判断生豆受热均匀与否而研发出来的新技术。前文中曾提及"选择性萃取"的基本概念，接下来将讲解要如何将其应用在咖啡豆烘焙的调整上。

生豆与温度的关系

经过前文的讲解后，我们可以得知生豆和温度的关系以曲线的状态呈现。而从这样的曲线架构来观察的话，我们可以归纳出几个烘焙时需要注意的重点，这也是我们要记住的几个重要概念：

1. BRR（进豆点的温度，即"入豆温"）
2. △T（回温点）
3. MET（加火点）
4. "一爆"的温度
5. Drop（下豆）的温度

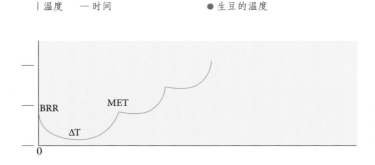

| 温度　　— 时间　　　　　　●生豆的温度

烘焙时间的来源

从烘焙曲线图上可以观察到前述的几个重点，BRR／△T／MET／"一爆"／Drop，都是随着时间增加而产生的。因此，除了BRR之外，其他条件也会有相对应的时间。

真正影响烘焙时间长短的要素是火力的大小，"火力的掌控"是决定咖啡豆烘焙品质的关键。接下来，将一一解释每个重点，让看似复杂的咖啡烘焙步骤，可以用最佳SOP的系统化来进行。

烘焙的第一个步骤就是要决定入豆温，也是所谓的BRR的温度。

前文中已有提到，咖啡生豆在烘焙时，温度都是持续升高的，但考虑到起始阶段不宜过高或过低，所以就必须找到一个适当的温度及对应的火力，而生豆的含水量则是判断的依据。

BRR的温度决定了生豆在进入烘焙机锅炉后，生豆表面吸热的均匀程度。

上面2张图分别代表含水量不同的咖啡生豆，其外围一层小圆圈部分是指木质纤维里的含水空间。左图的圆圈比右图的大且宽度粗，这代表左图的咖啡生豆的木质纤维部分较多，含水空间相对较少。右图的木质纤维空间较少、堆叠比例较高，含水的空间也相对较多。相较之下，右图的咖啡豆含水量高于左图的。

以另一种观点来看，因为木质纤维传导热力的能力比水快（好），左图的木质纤维密度较低，所以传导热力的速度就会比右图咖啡豆来得慢，因此BRR就要设定低一点，以避免造成热能还没传导到内部，外层的木质纤维就已过度加热。反之，木质纤维密度高的生豆（右图），BRR就要设定高一点。这样的入豆温判断原则，是最为基本的方式。如果要再更精细设定BRR的话，就要把生豆体积的大小一并列入考虑才行。在本书后面的内容中，会将参考值列出来。

适当的BRR，有助于提升整颗生豆的含水量利用率，烘焙后的含水利用率越高，可以被萃取出来的优良物质也会越多。那么，该如何适当地设定身为烘豆关键的BRR呢？在介绍完烘豆机的基本架构后，将会再详细地加以解说。

烘豆机的基本架构

烘豆机的架构，基本上是以烘豆过程中的温度爬升率为主要考量来设计的。

基于烘焙曲线的构成，良好的保温功能和稳定的加热源，是烘豆机所需具备的要素。加热源可以分为瓦斯与电热两种，如果以能迅速且集中的热能为依据，那么就不难理解为何大多数的烘豆机设计都是以瓦斯为基本加热源了。

除了直接提供热能的加热源外，锅炉还能间接对生豆产生加热作用。锅炉的厚薄程度需要和火源的强度成正比。如果只是单纯地把锅壁加厚，而火源（瓦斯量）无法以线性增强的话，不但暖锅的时间会拉长，蓄热效果也会因而大打折扣。因此，锅炉的厚度不是考量重点。

目前，以瓦斯为加热源的烘豆机可分为直火式与半直火式两种，两者的主要差异在于火焰是否直接接触到生豆。直火烘豆机的锅炉上，会设置有排列均匀的小孔洞，让火源可以直接透过孔洞接触到生豆，进行加热动作。

此外，还有一种名为热风烘豆机的机器，它是通过热风来进行加热的动作，其主要工作方式为：将烘豆空间密封，让加热后的空气通过单一导向的风流来烘焙生豆。从形式来说，风流可以增加咖啡生豆受热的均匀度，不过就传导性而言却是不佳的。

综合整体的优缺点后，作者建议选用兼具上述两种机器优点的**半直火烘豆机**（也称为半热风）来进行咖啡豆烘焙；对刚入门的烘焙初学者来说，也比较容易操作。

BRR（入豆温）的判断点———美拉德反应与焦糖化

生豆里所含的物质包括有蔗糖、水分、蛋白质、氨基酸、绿原酸与脂质等，这些物质是左右咖啡特殊风味与口感的主要来源。每一种成分都是独立的存在，在温度改变所产生的相互影响下，就会间接产生咖啡的特殊风味。

而蔗糖、水分、蛋白质、氨基酸、绿原酸与脂质的相互作用过程，可大致分为美拉德反应和焦糖化两种。

美拉德反应与焦糖化

许多食材在经过热处理之后，都会产生令你意想不到的风味。举洋葱的例子来说：

洋葱在刚切开时，其刺激性的挥发物质，常常让人泪流满面。不过一旦经过温度的催化，刺激性物质就会转化成温和又带点焦糖风味的物质，这就是美拉德反应的效果。

美拉德反应在咖啡烘焙中所扮演的角色，就是风味与口感的催化，跟炒洋葱的原理相同。咖啡生豆里主要的物质是水、蔗糖、蛋白质和氨基酸（美拉德反应所需要的就是蔗糖和氨基酸），而这时生豆里所含有的水分，就是让蔗糖和氨基酸结合的主要媒介。

同时，脂质和绿原酸也会发生作用，通过美拉德反应而产生出更为复杂的风味，甚至是特殊的香气，因此我们也要了解一下绿原酸的特性。绿原酸主要是酸与香气成分的来源。在咖啡烘焙过程中，并非产生苦味就是不好的，不过我们所需要的苦味，是要像巧克力一般的拥有甘甜尾韵的苦味，入口之初虽然苦，但是吞下后就会产生核果甘甜。反之，如果是带苦涩与酸苦的苦味，就是不好的苦味。而好与坏的差别，就在于咖啡酸与奎宁酸是否会同时并存。

而第一个会影响的条件就是BRR，水分的沸点是100℃，此时水分也会开始蒸发。换句话说，如果BRR越高，生豆里的水分就会越快达到沸点，而绿原酸在水里的时间也会相对缩短。反之，如果入豆温过低，生豆内的水分达到沸点的时间就会拉长，而让绿原酸分解出多余的咖啡酸而增加苦涩味的机会。

由此可见，BRR绝对要在100℃以上，而且如果再把生豆本身的温度考虑进去的话，BRR最低不能低于150℃。如果以实际烘焙的经验来看，只要是烘焙豆量在1kg，入豆温都不应该低于195℃。

前文中有提及烘焙曲线的构成，当我们再将BRR基本设定置入后，就不难发现所谓的"△T（回温点）"，而我们也可以从中看出BRR的设定是否过低。当生豆放入锅炉后，会因为生豆表面的水分吸收、热能蒸发，而使得锅炉内的温度下降。降温的幅度大，就代表BRR起始温度不足以让生豆表面的水分瞬间蒸发，才导致△T过低。

因此，△T的主要功能就是在显示BRR是否够高。如果过低的话，就要及时增加火力，以确保生豆表面水分不会停滞过久。

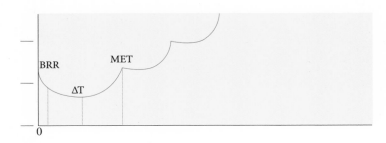

| 温度　一时间　　　　　　　　　● 生豆的温度

从△T（回温点）开始，生豆内部会因为温度开始爬升，促使内含的水分将蔗糖、氨基酸、蛋白质、绿原酸和脂质等相互产生交融作用；温度越高，相互交融出的可溶性物质就会越多，香气与口感也会更有层次。

不过，我们要特别留意一点：当水分一直增加，绿原酸分解出苦味（奎宁酸）的概率也会随之提高。因此，这时就要想办法让水分迅速蒸发，也就是让MET（加火点）功能发挥的时刻。

MET 就是所谓的"加火点"。在这个时间点增加火力的用意，除可让温度持续上升之外，还可让生豆的酸甜味延伸，使口感可以持续变丰厚。

从 BRR 到 MET 这段时间的烘焙，主要是在促进生豆的水分、油脂与蔗糖的交融。MET 温度越高，这些物质的融合度就会越高，咖啡豆所呈现的口感也会越扎实。而这个时间点，也是美拉德反应开始趋于发挥完整效果的起始点。

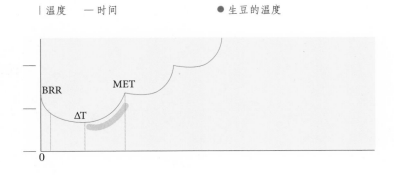

| 温度　一时间　　　　　　　　　● 生豆的温度

以甜味为主轴

如何判断入豆温
"一爆"的意义
"二爆"与深度烘焙

"
当我们想烘焙出以甜味为主轴的咖啡时，
就必须以强化口感为主。
"

　　咖啡的甜味并非像砂糖或蜂蜜那样，可以一入口就直接感受到。这种甜味主要是由酸味与口感衍生出来的。而相较之下，口感所衍生出来的甜味会比酸味所衍生的来得多。因此，当我们想烘焙出以甜味为主的咖啡时，就必须以强化口感为主。

　　BRR（入豆温）会决定咖啡豆烘焙后的含水量多寡。生豆在烘焙过程中，原有的含水量会因吸收热能、沸腾而散失，水分散失越多酸味就会越弱，因此口感和甜味也会明显、丰厚。这里所提到的生豆水分，都是指生豆整体的水分。而烘焙后的水分流失量，其实在一开始的进豆阶段就已经决定了：如果BRR偏低的话，整体的水分流失就会变多，让酸味变得不明显；相反，要是BRR偏高，就会因为整体含水量偏多，而突显出酸味。

如何判断 BRR

一般来说，基本的 BRR（入豆温）建议在196℃～ 198℃。如果想要掌较为系统的判断模式，可以参考以下内容：

咖啡豆外形大小

一般生豆的大小在18 ～ 20目，目数的数值越大，颗粒体积就会越大。相应地，颗粒体积越大，表面积就会越大，受热时间也会加长，因此 BRR 就要跟着下降。以下表格对应的是目数和入豆温的调整：

18目	19目	20目
198℃	197℃	196℃

生豆的处理方式

一般常见的处理方式有水洗、日晒与蜜处理等三种。这三种处理方式除了从字面上看出其手法的差异外，处理后的生豆含水量也都不相同。生豆含水量由高到低分别为蜜处理、日晒、水洗。以下是处理法和入豆温的调整对应：

蜜处理	日晒	水洗
198℃	197℃	196℃

以上是 BRR 的设定要领，只要加以掌握，在烘焙上就基本不会出错。不过，苏门答腊产区的咖啡生豆则需要特别留意——这个产区的生豆虽然外观比较大颗，但其含水量集中度较差，并不适合高温，它的 BRR 有别于一般生豆，要设定在192℃～195℃。

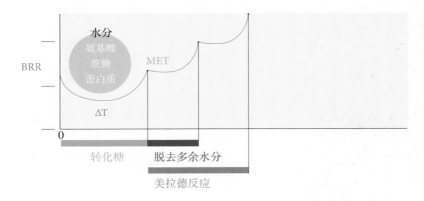

"一爆"的意义

"一爆"与含水量的利用比例
"一爆"的声音
"一爆"的温度

"一爆"

MET（加火点）的目的是加速脱去水分，以避免产生加水分解的情况。因此，MET之后所要做的事，实际上是在进行焦糖化的作用。焦糖化是单纯的转化糖脱水反应，当蔗糖因水加热成液态时，水分就会快速流失；当含糖比例超过80％时，温度会急速上升；当糖浆温度一直升到130℃时，糖浆会因为脱水完成、产生碎裂而发出声响，这就是所谓的"一爆"。而当糖浆持续升温到150℃时，蔗糖会开始崩裂，而此时的声响会更加明显且密集。

这样的爆裂声响会持续到155℃左右，当声响停止时，就代表内部的糖块已经崩解结束。这个时候就可以选择要不要Drop（下豆），此时下豆的话，焙度就会是浅焙或中浅焙。

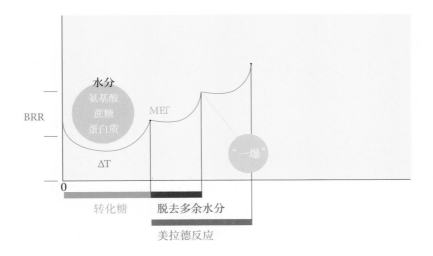

"二爆"与深度烘焙

在焦糖化过程中保留适当的水分，可以提引出蔗糖糖浆里的特殊香气。不过，如果让焦糖化完整结束，当水分脱尽时苦味的来源——奎宁酸就会被带出来。

在深焙过程中会有苦涩味，是因为奎宁酸与咖啡酸一起被释出。如果只有奎宁酸被释出，就会烘焙出好的苦味——也就是所谓"如巧克力核果般的尾韵与甜味"。

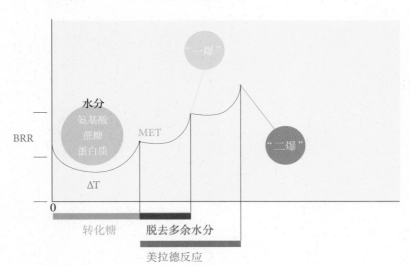

加火的必要性与一火到底的差异性——回温点与MET

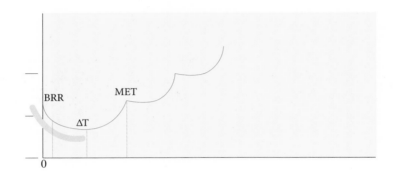

| 温度　—时间　●生豆的温度

设定好 BRR 之后，接下来就是需要何时调整温度。火力的设定是为了让咖啡生豆能完整吸热，最终目的是要让设定火力不会出现下降或迟缓的状态。当生豆放入锅炉之后，会一直持续吸取锅炉所提供的温度，所以在入豆之后，如果没有增加火力的话，锅炉内的温度就会开始呈现上升迟缓甚至下降的状态。如果温度上升迟缓状态持续过久，锅炉的温度就会累积在生豆表面而使之碳化，进而使生豆产生苦味和烟味。

由此可知，如果烘焙时"一火到底"，咖啡豆就可能会有变得苦涩的风险，适时地增加火力是必要的。那么，要在什么时候增加火力呢？在此之前，就让我们先来了解火力与温度的特性吧！

温度虽然是随着火力增加而上升，但并不是火力一增加，温度就瞬间上升的，而是以累进的状态进行。当温度迟缓了才进行加火动作的话，一定会来不及让温度适时地上升，而第一个加火时间点会落在回温点。

生豆放入锅炉后会持续降温，这是因为生豆在进行吸热的反应，等温度停止下降时，代表生豆表面温度已达到饱和，生豆内部会开始吸收锅炉的温度，这时可依照降温的幅度来调整现有的火力。

烘焙中的酸甜比例与转化糖的概念

在咖啡烘焙里，浅焙的优势是会带出较多的特殊风味和香气，这些可以被辨别的特殊风味与香气，已确定多达36种，其中包含有热带水果类和各种花香。而这些香气怎样才能被完全释放出来呢？关键就在于 BRR 与 MET 这段时间的烘焙，也就是所谓的转化糖阶段。

何谓转化糖？举个简单的例子：白砂糖和黑糖都是属于转化糖，不过外形却大不相同。白砂糖呈颗粒状，亲水性较差；黑糖呈粉状，亲水性较好。黑糖的风味比白砂糖丰富许多。

咖啡生豆的烘焙主要在让生豆中的水分和蔗糖、氨基酸、绿原酸及脂质（酸性脂肪）等充分融合，避免产生结晶化（类似白砂糖），所以设法在 MET（加火点）之前，让咖啡豆水分中所含的有机酸（氨基酸、绿原酸）达到最高，使融合的时间够久，以求制作出像黑糖那样风味丰富的咖啡豆。而咖啡生豆含水量偏高，BRR（入豆温）就要偏高；融合时间要够久，MET 温度就要偏高。

然而，MET 并不是一味地拉高就好，因为一旦过高，也会相应提高奎宁酸（苦味）和咖啡酸（酸涩）释出的概率。咖啡生豆本身所含的蔗糖会在烘焙温度上升到接近糖浆沸点时，而产生颜色变化。糖浆的沸点是110℃，此时并不会产生焦色，反而是有白化现象。也就是说，当生豆颜色由原本的颜色变浅时，蔗糖已开始沸腾转变成糖浆，此时要记住烘豆机的豆温显示，因为接下来上升的5℃，会是咖啡豆酸甜平衡的最大关键。

当糖浆开始沸腾时，生豆表面温度每上升1℃，内部糖浆就会上升1.5～2℃；当内部上升超过10℃时，就会开始产生结晶化，使得生豆表面因焦糖化变黄。如果此时再加火，就会衍生出劣质的苦味，因此要非常慎重。

Part 3　咖啡小百科

- 关于生豆
- 关于保存
- 关于器具
- 关于冲煮
- 关于水质
- 所谓的浓度与萃取率

关于生豆

咖啡生豆

咖啡（coffee）是采用经过烘焙的咖啡豆（咖啡属植物的种子）所制作出来的饮料。咖啡是深受人们喜爱的饮料之一，也是重要的经济作物，在全球期货贸易额度排名中位列第二（最高是石油）。

咖啡树原产于非洲亚热带地区以及亚洲南部的一些岛屿。咖啡树由非洲移种到世界各地，现今已种植遍布超过70个国家和地区，主要是在美洲、东南亚等的赤道地区。

市面上普遍被饮用的咖啡大致分为"备受推崇的小果咖啡（阿拉比卡种）"与"颗粒较粗、酸味较低、苦味较浓的中果咖啡（罗布斯塔种）"两种。咖啡果实成熟后，会经过采摘、加工、烘焙等程序，再经由冲煮做成浓缩咖啡、卡布其诺、拿铁咖啡等冷热饮，供人们品尝饮用。咖啡是属于微酸性食物，其中蕴含的咖啡因对人体会有产生刺激，所以要视个人体质酌量饮用。

早期，咖啡属于经济作物，以大量生产的方式被种植，因此多以国家名称被命名，如哥伦比亚、巴西、危地马拉等。近年来，逐渐转型为精致农业，多以标榜地区性和特色来作为吸引注意的要因，所以其名称也有了标示出产区（区域）的趋势，例如"危地马拉的花神"这样的名称。正因为这样的趋势，也使得许多自家烘焙的咖啡豆，甚至会精细到标示出咖啡豆处理厂的名称。

消费者所购买到的咖啡豆，都是经由去除果肉、清洗、发酵、晒干、去壳等多道手续处理后，然后加以烘焙而成的。处理过程中所采取的水洗或日晒法，主要取决于该生产地区的水资源是否充足。近年来风行的蜜处理方式，则是以控制发酵过程时间的长短或以果肉来增加风味的方式，来让咖啡生豆在烘焙过程中激发出更多特殊的风味。

关于保存

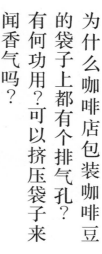

咖啡生豆在烘焙过程中，内部所蕴含的水分会因烘焙机锅炉温度而渐渐散失，而这些原本含水的空间，也会因为脱水而产生压缩的状态。

咖啡豆一旦离开烘豆机，内部脱水压缩的空间，就会因为温差与大气中水分而渐渐恢复。为了避免刚烘焙好的咖啡豆过度吸收空气中的水分，通常都会装进有排气孔的包装袋来保存。豆子在袋中会持续排气，在一段时间之后就会充斥在整个包装袋中，此时如果没有释出气体的通道，持续膨胀的话，气体就会形成压力，而使得咖啡熟豆无法继续排气。一旦处于这样的状态过久，咖啡豆内部纤维空间，就会被压缩，无法恢复原有大小，进而使得冲煮过程中吸水饱和的效应变差，萃取出的咖啡液口感不够丰厚。

如果保存咖啡豆的包装袋有一个排气通道，就可以避免上述问题。这个排气通道只能单向往外部排出气体，而不能双向透气导致空气中的湿气进入包装袋里。有时，我们会看到袋子因排气而鼓胀起来，这时千万不要挤压它。因为一经外力挤压来释出的气体，就会造成袋内压力快速变弱，导致袋子内外压力失衡，让咖啡豆内部纤维空间因压力的压缩变小，从而影响冲煮萃取时的品质。

Q 深焙咖啡豆和浅焙咖啡豆的最佳赏味期是一样的吗？豆子刚烘焙好就拿来冲较好，还是养豆3～7天后冲煮出来的风味较佳？

A 当内部纤维空间停止变动时，就是咖啡豆最佳的萃取时间点。排气旺盛的咖啡豆，因为内部纤维还在恢复到原有的状态中，所以一旦接触热水时，内部空间就会快速膨胀而产生出大量的气体，这是新鲜咖啡豆才会有的现象。不过，旺盛的排气，却会阻碍咖啡颗粒的吸水饱和度。一般来说，烘焙好3天之后，咖啡颗粒排气过度旺盛的状况就会减缓；5天之后颗粒吸水饱和度，就会渐渐趋于稳定；7天之后，颗粒内部空间不再变动，吸水的饱和程度会优于以往，可溶性物质也会大为增加，口感丰厚度倍增。

上述的置放天数是以深焙的咖啡豆为主，浅焙的咖啡豆因为脱水率低，内部空间所需恢复的时间短，一般烘焙好4天后，内部空间就已经恢复得差不多。浅焙咖啡豆的赏味期原则上都会比深焙咖啡豆早3天左右。

Q 咖啡豆可否事先研磨好再保存？最佳的咖啡豆保存方式是什么？咖啡豆可以放在冰箱里保存吗？

A 咖啡豆研磨好之后，会增加与空气接触的面积，使受潮的机会大增，进而让咖啡颗粒的香气、风味下降，而且保存的期限也会因颗粒受潮概率提升而大幅地缩短。因此，想要品尝到风味最佳的咖啡，最好还是在冲煮咖啡前再将咖啡豆加以研磨。

咖啡豆的保存温度以室温为佳，而最佳的保存容器是不透光、可隔绝空气的容器。隔绝空气的目的已在上文提到，而减少与光线接触，主要是为了避免咖啡豆因紫外线照射产生质变而影响风味。因此，除了阳光之外，也要避免咖啡豆照射到会产生紫外线的灯具。如果选购不到不透光、可隔绝空气的容器，直接使用咖啡店贩售咖啡豆时用来包装咖啡豆的专用袋，也是不错的选择。

不论有没有研磨过，咖啡豆都不可以放在冰箱里保存。这是因为冰箱里的浓厚湿气，会加速咖啡豆的受潮状况。此外，咖啡豆内部的纤维因具有吸附味道的作用。如果把咖啡豆放在冰箱里，反而会吸附其他食物的味道，变成超级除臭剂，完全无法达到好好保存咖啡豆的目的。

Q 为什么有些咖啡豆的表面会出油？出油的咖啡豆还能继续使用吗？

A 当咖啡豆在进入深焙时，会因为脱水率高而产生出油现象，所以深焙的豆子在存放1～2天时，表面就会出油，这是正常现象。

不过，当这样的状态出现在浅焙或中浅的咖啡豆时，则是代表咖啡豆在烘焙过程中因受热不均匀而产生部分面积脱水过度，这时的出油现象都会以点状出油为主，而非像深焙咖啡一样是整体表面出油。一旦中浅或浅焙咖啡有此现象，就不建议继续使用。

关于器具

Q 手冲壶材质的影响大吗？

A 在冲煮的过程中，会影响到咖啡成分萃取速度的水温，因此要是水温能保持稳定的话，就能具有相对的冲煮优势。在冲煮咖啡时，水流出壶嘴的瞬间，水温就已经开始下降，所以即便手冲壶的材质保温性再好，其所产生的影响并不大。影响咖啡冲煮品质的主要因素，其实是热水停滞最久的滤杯。因此，真正要讲究保温性的是滤杯而非手冲壶，所以手冲壶的材质即使是保温性没那么好的不锈钢款式也是没问题的。

Q 当拿到未曾使用过的新款滤杯时，要如何测试才能找到最正确的冲煮手法？

A 当我们取得新款滤杯时，首先要了解其基本构造是扇形滤杯还是圆锥滤杯。如果是圆锥形滤杯，因为其水流下降会偏快，所以冲煮手法要以冲刷为主。如果是扇形滤杯的话，就要以浸泡为主。

接下来就是要了解滤杯的空气流动构造。

针对前文中介绍过两个特殊的锥形滤杯 Hario 与 KONO，我们已经知道该用何种手法来操作。如果我们取得的新款锥形滤杯，其内部构造都无法用 Hario 或 KONO 的冲煮手法来对应，那就从肋骨的排列和形状来探索正确手法吧！

如果圆锥滤杯内部的肋骨是直线设计，而且是从底部一直延伸到最上端，表示水流的路径比较短，也会让水流下降的时间加快，因此在给水的时候都不可以超过粉层的高度。

在水流速度偏快的情况下，咖啡颗粒和水结合的时间就会变短，所以咖啡液的萃取量，建议不要超过咖啡粉分量的12倍。举例来说，10g咖啡粉最多萃取120g的咖啡液。

还有一点要注意的，就是咖啡颗粒粗细的选择。如果是选用的是浅焙的咖啡豆，研磨的颗粒要偏粗，深焙就要偏细。

有一款设计较为特殊的滤杯，外观形状介于扇形滤杯与锥形滤杯之间（下图），但是内部却无肋骨的设计，其所使用的滤纸也和一般圆锥与扇形滤杯的款式有很大的差异。

这款没有肋骨设计的滤杯，是将滤纸的波浪状凹凸作为肋骨来运用，它就算沾水之后也不会贴在滤杯壁上，也就是说它也是冲刷型的滤杯。

滤杯是不是越大越好？

滤杯以2人份为最佳。如果是要萃取多人份，建议多准备几个2人份的滤杯，一次同时萃取所需要的杯数。

以4人份滤杯为例，咖啡粉的最少基本量不可少于30g，如果低于这个粉量就会造成排气量大，让热水只冲刷咖啡颗粒表面，造成萃取不完全。当咖啡粉具备基本量，增加咖啡颗粒的吃水时间后，同时也会增加纤维吃水的时间，从而导致杂味、涩味被溶出。因此，在个人冲煮或营业冲煮上，为了确保完美萃取的概率，均建议使用2人份滤杯。

Q

好的手冲壶应该具备哪些功能？

多数的初学者认为，拥有一个能产生细小、稳定水柱的手冲壶，才能煮好一杯咖啡。事实上，制作手冲咖啡时，随着咖啡颗粒吸水饱和程度变高，稳定的小水柱反而会是一个致命伤。

随着给水的次数增加，咖啡颗粒会越来越重，随之而来的就是颗粒在水里下降的速度也会变快。因此，在水流不阻塞的情况下，咖啡颗粒还不至于会静止在水里。一旦阻塞了，手冲壶所产生的水柱就是冲开阻塞的关键。

因此，一个优质手冲壶的基本条件，是水柱要可大可小又能稳定流出。尤其是在壶身移动过程中，不可以有水柱断断续续的情况产生。

设计良好的专用手冲壶，一般都会让底部偏宽，这样的设计主要是为了让流出的水量稳定，并且还能增加水压，避免壶身在移动时产生给水间断的情况。壶嘴的管径则要稍微粗一点（而非细小），而且壶嘴如果过长的话，还会大大降低水柱的穿透力，在咖啡颗粒变重、沉到底部时，无法被水流冲起，进而让颗粒沉积底部释出苦涩味。

综上，当您在选购手冲壶时，如果找到能让水柱可大可小且稳定流出的产品，就绝对不要错过！

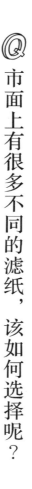

Q 市面上有很多不同的滤纸，该如何选择呢？

A 市售滤纸分为已漂白和非漂白两种类型。从颜色外观来看，未漂白的滤纸呈褐色，已漂白的滤纸呈白色。其实无论选用哪一种滤纸来冲煮都没问题，差异性并没有想象中的大。唯一需要注意的是，滤纸有粗面与细面之分，正规冲煮用的滤纸都是细面在内侧。

Q 手摇磨豆机

片状咖啡颗粒

颗粒状咖啡颗粒

A 前作《手冲咖啡：咖啡达人的必修课》有提到磨豆机的选择，其中最不建议的就是手摇磨豆机。

手摇磨豆机是用手的力气带动轮轴来转动刀盘，最早期的手摇磨豆机是使用平刀，但它的平刀因为无法完全以水平角度研磨，刀盘很容易随着磨豆子的手劲变化而歪斜，所以磨出来的颗粒会和砍豆机一样大小不均。虽然现在大多都已改良使用锥刀，让水平角度差距的问题得以改善，但是研磨出来的颗粒，还是会因转动的手劲无法一致，而让咖啡颗粒状态只比砍豆机好一点而已。

如果一定要使用手摇磨豆机，要尽量让磨豆机一直保持垂直状态；手摇转动的速度也要一致，忽快忽慢的速度，也会造成颗粒大小不均。

手摇磨豆机在改用锥刀之后，只是提升研磨颗粒的均匀度，还是很难让咖啡颗粒达到颗粒状，其颗粒大多还是以片状为主，掺杂着颗粒状。这样的状态会造成咖啡颗粒吃水不均，让人在冲煮咖啡时，误以为水流下降过快，而加快每次加水的时间与水量。

上图分别是锥刀与平刀所研磨出来的咖啡颗粒排列方式，当然实际状况不会如图示这么一致，不过我们能从中了解磨豆机的研磨均匀度的重要性。大小均匀的咖啡颗粒，可以让颗粒的间距维持一致，使得颗粒的排气与互相推挤，不会因为颗粒的大小差异而不一致。同时，水流也不会因为流经路径大小不同，使得咖啡颗粒吃水时间落差加大。

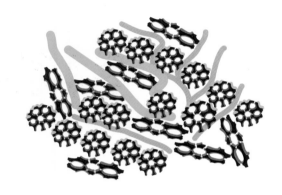

上图所呈现的是颗粒不均匀的堆叠状态，其中掺杂有颗粒状和片状的颗粒。我们可以发现，在给水的过程中，流经片状颗粒的红色水路路径会较粗，流经颗粒状的蓝色水路会较细。因颗粒大小不均而造成吃水时间、饱和度等不一致的状况，都易导致咖啡萃取失败，进而产生杂味、涩味。

在初期给水的阶段，水量满到表面的时间不会停留太久，而是越到后面水会很容易从表面溢出。这主要是因为颗粒开始吸水排气推挤，使得蓝色路径变大而挤压到红色路径。当红色路径被压迫变小时，很多人都会选择加大水柱将其冲开，而造成给水过量，让水位提前上升。

当红色路径水量开始偏多、水位上升过快，片状颗粒就会一直处于泡水的状态，只能萃取到颗粒表面的成分，这也是手摇磨豆机磨出的颗粒所萃取的味道容易偏酸偏淡的原因。尤其在使用新鲜的咖啡豆时，偏酸偏淡更为明显。

就算让咖啡颗粒置于热水中一段时间，让排气较为完整，也只是让颗粒吃水增加，仍避免不了泡水的情况产生。即使酸涩味下降了，整体的风味还是不足。

Q 滤杯的材质会影响冲煮的功能吗？
何种材质的滤杯比较好？

 手冲咖啡的萃取过程都是在滤杯里进行，因此其保温性是影响冲煮咖啡品质的关键因素。我们在选择滤杯材质时，要以保温性佳为挑选原则。滤杯的材质以铜制品为最好，陶制品居次，然后是玻璃材质。

就保温性来说，铜制品是因为导热系数较高，所以只要一加入热水，整个滤杯的温度就会很一致。不过，要达到保温的目的，并非只有一种方式。如果能够隔绝空气，水温下降的速度也会变慢，用树脂制成的滤杯就能达到此效果。

关于冲煮

ⓠ 所谓的"闷蒸"有其必要性吗？ "闷蒸"时间长对咖啡萃取有什么影响？

Ⓐ 首先，在此要澄清一个观念：一般所谓的"闷蒸"，是指发生在第一次给水时，咖啡颗粒吸水后开始排气，排气过程中颗粒之间因相互推挤，而产生表面膨胀的现象，并且在表面产生"蒸"汽。严格来说，这不是"闷蒸"，而是只有"蒸"的作用产生。

第一次给水过程中所产生的蒸汽量，会因冲煮的给水量而有差异，给水量越多，"蒸"的效果就会越久。而当时间拉长、蒸汽消失后，伴随而来的就是咖啡颗粒会从互相排挤推开的状态再度密合，而产生了"闷"的不良现象。为什么会说这是不良现象呢？主要是因为一旦咖啡颗粒"闷"住了，就会让再次给水时的水量无法通往粉层内部，多数只会停留在表面，让表面咖啡颗粒泡在热水里。

因此，冲煮咖啡时，应该要避免"闷"的状态产生，当蒸汽消失前就要紧接着做给水的动作，才不会因整体的咖啡颗粒闷住，而只让表面颗粒重复吃水。

冲煮咖啡时，"蒸"是每次给水时会产生的正常现象，但一旦蒸的时间过长，就会造成"闷"的非正常现象。因此，各位要多加练习，精准地掌握住给水量和时间，来"蒸"出一杯好咖啡。

Ⓠ 使用不同研磨刻度磨出的咖啡粉来冲煮（例如滤杯里上层是刻度3，下层是刻度4），是否会造成萃取不均？

A 基本上，要均匀萃取咖啡液，就一定要让咖啡颗粒粗细均匀一致。如果颗粒粗细差异太大，会造成粗的咖啡颗粒吸水不足，而细咖啡颗粒萃取过度的状况。

在咖啡颗粒粗细不均的前提下来进行萃取，一定无法冲煮出完美的咖啡，而且这与粗细层数如何配置完全无关，最主要的失败原因就是颗粒粗细不均。

冲煮的水温到底要控制在什么区间？

咖啡冲煮品质的优劣，主要是由水和咖啡颗粒的结合程度来决定，其他的条件都可称为加速因子，而水温就是加速因子之一。

咖啡冲煮得好不好，关键在于咖啡颗粒的吸水饱和度。也就是说，咖啡颗粒可以吸多少水，存在于咖啡纤维内部的可溶性物质就可以被萃取出多少。因此，手冲咖啡最重要的冲煮概念，就是在如何利用手冲壶给水过程让颗粒不断吸水到饱和，进而萃取出咖啡的精华。

话，咖啡内部纤维会因吸水太快速而导致释放出杂味和涩味。所以，不能笼统地说水温越高越好。

如果将这两个条件综合起来考虑，水温在88 ~ 96℃之间，都不会影响咖啡颗粒吸水的状态，而最低的88℃也已经将冲煮过程可能产生的降温因素列入考虑。经过笔者多次反复实验，只要水温介于这个区间，都可以冲出一杯好咖啡。

本书中所使用的热水，都是以一般家庭必备的电热水瓶的热水为考量。将沸腾煮开的热水倒入手冲壶温度后，水温大致会降到92℃左右，等我们要开始手冲咖啡时，水温大概就已经降到90 ~ 91℃。因此，只要是在这样的情况下冲煮咖啡，水温就会在适合冲煮的温度区间，不需太过担心水温的问题。

只要冲煮咖啡时的水温在此范围内，不论是使用深焙还是浅焙的咖啡豆，都不会影响到咖啡萃取。造成影响的重点，就是本书中提及的每次给水过程。给水时的水量不可以大于颗粒能吸收的程度。再者就是不可以让咖啡颗粒静止在水中。

以温度来说，水温越高，水的流动性就会越好。加温过程中之所以会冒出气泡，是分子相互震荡所造成的，而这也让水产生了流动性。如果只单纯就水温来说，当然是越高温越好，高温下水的流动性会最佳，咖啡颗粒吸水饱和度也会更好。但另一方面，水温太高的

烘焙程度不同的咖啡豆，需要以不同的冲煮手法来操作吗？

A 因烘焙程度存在差异，使得咖啡豆内部含水量有多有寡。深焙的咖啡豆脱水率较高，而浅焙的咖啡豆脱水率较低。

这样的差异也会影响咖啡颗粒的吸水饱和程度。因为浅焙咖啡脱水率低、重量重，所以冲煮时很容易沉积在底部，使水位下降缓慢。冲煮浅焙咖啡时，要特别注意水位下降的速度。只要水位的下降一放缓，就要及时给水，避免让咖啡颗粒静止于水中，进而萃取出杂味、涩味。

因为深焙咖啡脱水率高、吸水性佳，所以在冲煮的初期阶段，只要一给水，咖啡颗粒就会快速吸水，而使得水位下降速度偏快。此外，因为深焙的咖啡颗粒排气旺盛，会让相互推挤所产生的通道维持得比较久，使得热水畅行无阻地通过，这也是水位下降偏快的原因之一。

冲煮深焙咖啡时，由于水位下降速度快，咖啡豆不易浸泡在水里，给水的频率会较低；而冲煮浅焙咖啡时，给水的频率则要较高，以避免因水位下降慢，让咖啡颗粒浸泡在水中过久。

不过，Hario V60 则是例外。由于其冲刷式的萃取手法，除要依上述条件的调整外，对咖啡颗粒也有一定要求。当使用 Hario V60 来冲煮深焙咖啡豆时，咖啡颗粒要磨细（细度可以参照小富士鬼齿磨豆机 #3）；而冲煮浅焙咖啡豆时，则是要调粗颗粒（颗粒粗细可参照小富士鬼齿磨豆机 #5）。

Q 如何由品尝来判断手冲咖啡的优劣?

A 我们可以由一个最简单的方式，来判断喝到的手冲咖啡是否是上品——待咖啡的温度降到室温之后再品尝。如果此时的口感比热咖啡还要厚实，那就表示这是一杯很好的手冲咖啡。当然，这杯咖啡也不能出现水感（不够丰厚）或涩味。一杯好咖啡在冲煮过程中，只会将可溶性物质完整且饱和地冲煮出来，而不会有太过（冲煮出杂味、涩味）或是不及（萃取不够而有水感）的情形发生。

 水温会改变咖啡的香气和风味吗？

 诚如前文所述，水温在整个手冲过程中只是一个加速因子。水温能影响咖啡颗粒中的可溶性物质溶出，使其与水结合成咖啡液，但并不是左右咖啡香气和风味的关键。咖啡可溶性物质释出分量的多寡，才是造成影响的关键。

基本上，水温只要不低于90℃，就不会影响到可溶性物质的释出程度。真正影响香气和风味的冲煮关键，是咖啡颗粒的吸水饱和度。

Q 随着冲煮时间的流逝，水温降到适合冲煮咖啡的范围以下，会影响冲煮品质吗？

A 水温在冲煮咖啡过程中是一个加速因子。咖啡颗粒如果可以持续吸收水分，水温差异的影响就不会太大。只要一开始冲煮的水温在90℃以上，并留意颗粒的吸水程度，且让咖啡颗粒不要静止在水中，就算水温略微降低到适温范围之下，也不会影响到冲煮。

Ⓠ 在冲煮前，滤纸需要用热水浇淋一次吗？

Ⓐ 在冲煮咖啡前，绝对不可以先将滤纸淋湿。这是因为淋湿的滤纸会影响到一开始的空气流动量，而让咖啡颗粒浸泡在水里。一旦浸泡的时间过长，咖啡的涩味和不良的风味就会被释放出来。一般来说，手冲的咖啡如果会有纸味，大多是因为使用了长时间暴露在空气中受潮的滤纸所造成的。如果要避免冲煮的咖啡产生纸味，可以将滤纸存放在密闭的容器里，等要使用的时候再取出，减少滤纸因接触到空气而受潮的机会。

 冲煮咖啡时，咖啡粉隆起越明显就代表咖啡豆越新鲜吗？

A 咖啡粉在冲煮过程中隆起，是因为颗粒吸水排气时相互推挤所造成的。隆起的状况如果明显且持久，就代表咖啡颗粒很新鲜。但是要注意的是，颗粒排气的持续时间会和给水的水量有关，水量越多，排气时间也会相对越长。如果要判断是否给水过多，只需观察颗粒表面在膨胀过程中是否会有较大的裂痕，如果有裂痕就表明给水过多。

Q 为什么手冲咖啡要绕圈冲煮？为什么是从中心开始注水而不是旁边呢？

A 不管是哪种滤杯，在舀入咖啡粉之后，咖啡颗粒最多也最深的地方，一定是中心的位置。为了确保连中心位置的咖啡粉都能均匀吃到水，就要先从中心开始给水。

如果从外侧给水，会很容易将水给到滤纸上，而使得咖啡颗粒吃水均衡度下降。此外，从外侧开始给水，阻力相对也会变大，在阻力大的状况下，为了让咖啡颗粒顺利吃水，我们就会不自觉地增加水量，让水量大于颗粒可以吸收的程度。如此一来，咖啡颗粒就会容易浸泡在水里而溶出涩味。

Ⓠ 研磨好的咖啡粉，是否有冲煮黄金期？

Ⓐ 当咖啡豆研磨成咖啡粉后就会大量接触空气，会使得颗粒内部空间恢复较快，同时也较容易萃取。不过，一旦咖啡粉接触空气太久，就会受到空气中的湿气所影响而受潮。此外，咖啡豆经过研磨之后，咖啡颗粒香气衰败的速度也会比整颗未研磨的状态快上2倍以上。所以，咖啡豆研磨后最好尽快使用完。

Q 如果只想以一款滤杯来开手冲咖啡店，最推荐的是哪一款？

A 一杯美味的咖啡需要具备香气与口感，而能同时满足这两种条件的滤杯，就是 Melitta SF-1 的扇形滤杯。接近圆锥形的底部设计，让 Melitta SF-1 滤杯和 Hario V60 一样，具备冲刷并大量释放香气的优势；它明显的排气肋骨设计，在扇形滤杯的架构中，能让咖啡颗粒有足够的时间吸水饱和，又不会静置在水里而造成苦涩味。因此，Melitta SF-1 扇形滤杯是手冲咖啡店的滤杯首选。

关于水质

冲煮咖啡的水质选择

咖啡颗粒经磨豆机研磨成一定粗细后，会增加颗粒内部蜂巢状组织的吸水面积。水质的好坏会直接影响蜂巢组织吸水的能力，以及可溶性物质的萃取完整度。

一般来说，饮用水可分为软水和硬水。山上雪融之后的水、地下水、山泉水等属于硬水，水中有高含量的矿物质、石灰质（与软水相较下），用来冲煮咖啡时，咖啡液的口感会受到影响。

硬水的特征
含有钠和镁等丰富的矿物质，适合用来补充身体所需的元素，其中的镁是苦味的来源

软水的特征
镁与钙等矿物质的含量低，因此苦味较少不影响食材本身的风味，适合用于烹饪与冲煮咖啡

● 矿物质和石灰质
○ 水

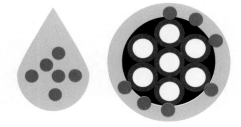

这些杂质也会影响咖啡颗粒蜂巢吸水能力，使冲煮出来的咖啡口感不够圆润。因此，如果要让热水能顺利流进颗粒内部，就要将水中的石灰质与矿物质过滤干净。

右上图蓝色的部分代表水，其中的黑点代表所含的矿物质和石灰质。

当水流经咖啡颗粒时，这些矿物质与石灰质就可能会堵塞在颗粒表面，而让水无法继续流入颗粒内部，也无法溶出可溶性物质。

而这样的状况一旦持续太久，咖啡颗粒会无法吸水，只是浸泡在水里，导致木质部释放出杂味，影响咖啡的风味。因此在萃取之前，最好将水中的矿物质与石灰质过滤掉，使之成为"软水"，才有利于咖啡的萃取。

"软水"中的矿物质含量少，喝起来较为顺口。当然，在萃取咖啡过程中，也不会因为石灰质或矿物质而影响咖啡颗粒的吸水过程。

要如何确保冲煮咖啡时所使用的是"软水"呢？除可以用仪器做检测之外，最简单的方式就是先使用滤水器将使用的水源过滤。

Q 如何用耳挂式咖啡冲煮出一杯好咖啡？

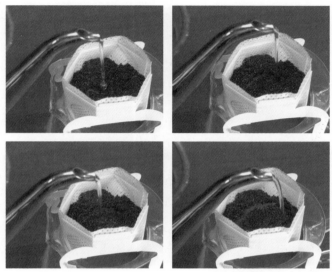

（冲煮顺序为左上至右下）

　　耳挂式咖啡在内包装的滤纸上，有一对纸制的挂钩，让它可以挂置在马克杯上方，从而直接、简便地进行咖啡的冲煮。而这看似简单的手冲结构，却具有咖啡冲煮时必备的元素。在开始示范冲煮前，先来学会如何选购优质的耳挂式咖啡吧！

　　内侧包裹着咖啡粉的包装，内含滤纸加滤杯的功能，分快速型与慢速型两种。分辨的方式也很简单，慢速型的包装一般都较宽，而快速型则较窄较深。

　　因为咖啡颗粒是需要吸水饱和的物质，需要在水中静置一段时间，所以建议使用慢速型的耳挂式咖啡。如果用快速型包装，会让水流加速通过颗粒表面，无法溶出颗粒内部的可溶性物质，最后只是冲出一杯充满咖啡味的热水而已。

所谓的浓度与萃取率

现如今，在便利商店、超市和大卖场均能买到耳挂式咖啡，但如果和标榜"自家烘焙"的咖啡店的商品比起来，其新鲜、香气与风味都会稍逊一筹。现在还有些"自家烘焙"的店家，甚至可以将店内贩售的单品豆直接做成耳挂式咖啡。

多数人对于耳挂式咖啡的第一印象就是方便、快速，所以对于冲煮出来的咖啡风味偏薄，也认为是理所当然的。但实际上，只要用对技巧，耳挂式咖啡也是能冲煮出"职人"风味的咖啡。

我们一直都在强调，咖啡萃取的好坏，是取决于咖啡颗粒吸水的饱和程度。或许大多数的人都不知道，耳挂式咖啡所使用的滤纸，其实也是以"帮助咖啡颗粒吸水"为目的来做设计的。只要掌握到给水的手法，透过耳挂式滤纸这项辅助工具，也能让咖啡颗粒的吸水饱和程度达到专业手冲咖啡的等级。

TIPS

☞ 选购耳挂式咖啡小技巧

1. 确认是否符合自己的口味，最好选择单一品种的咖啡豆，品质会较为稳定。
2. 确认制作日期。如果制作日期已经超过一个星期，就不建议购买。

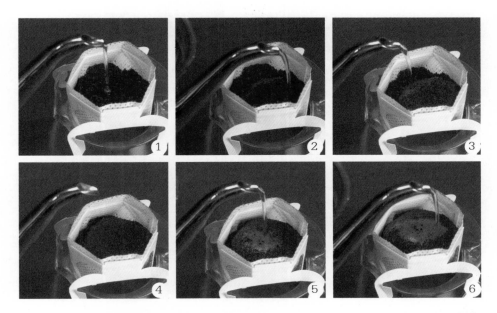

当我们在冲煮耳挂式咖啡时，如果手边没有手冲壶来进行给水，可用市售的随身保温瓶代替。一般的保温瓶瓶口都有止水设计，因此能够很容易给出像手冲壶一般的垂直水柱。

在给水的时候，要以颗粒粉层中心位置为起始点，用保温瓶将热水倒入中心位置。不过，这时候不用像滤杯一样往外绕开，一开始只要先倒入约10毫升的水量就可以停止。吃到水的颗粒会因为排气而排挤到周围颗粒，从而产生膨胀的状态，等到膨胀停止时，就可以第二次给水了。

第二次的给水方式和第一次相同，也是从中心位置开始慢慢给水。不过，此时的水量可以稍微多一点，大约20毫升。这时候要特别注意，如果有水溢出粉面，就要马上停止给水的动作。

在第二次给水结束后，水位会快速下降，等水位降到底，就可以进行第三次给水。这次的给水可以持续给到滤纸边看到水痕为止。

一旦看到水痕，就表示咖啡颗粒已经吸水饱和了。这时，就要一口气将水加到最满，加速可溶性物质的释放。这个阶段的水位下降速度会偏快，等水位降到底部时，再将水位加到最满，反复进行这样的步骤来萃取咖啡。10g 咖啡粉的建议萃取量是180毫升。如果希望风味浓郁一点，可以只萃取150毫升的咖啡液就好。

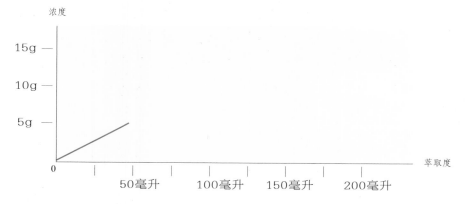

| 浓度（粉量）　　—萃取率（萃取量）　　●浓度会随着萃取量上升

和咖啡美味程度具有最直接关系的，就是浓度与萃取率。浓度指的是入口的酸甜度，而萃取率则是指口感。

咖啡粉量的多寡会影响咖啡的浓度。原则上，粉量越多浓度就会越高。但是在实际萃取过程中，释放到水中的可溶性物质多寡，才是影响咖啡浓度的关键。所以，如何让咖啡颗粒饱和，然后让可溶性物质释放到水中，才是冲煮时的重点。我们用一个图表来显示两者的关系。

纵轴所代表的是浓度也是粉量，而横轴是萃取率（萃取量）。红线的部分则是表示浓度会随着萃取量上升，不过红线并不会无限延伸，一旦咖啡颗粒的可溶性物质释放完，浓度就会停止上升。

举例来说，10g 的粉量，可以萃取浓度最多就是10g，所以红线的纵轴高度，原则上都不会超过10g 的标示范围，而其角度只会因为萃取量而产生变化。

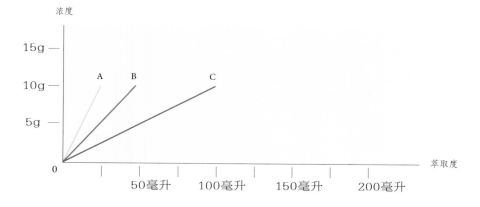

> **和咖啡美味程度具有最直接关系的，就是浓度与萃取率。浓度指的是入口的酸甜度，而萃取率则是指口感。**

　　图表中3种颜色的线，都是代表浓度已经到达10g 的设定，而其中的差别只在于各是用多少分量的热水才达成的。在前文中有提过，咖啡颗粒会产生杂味或者涩味，大多是因为颗粒的木质部（纤维）在浸泡热水时，让这些不好的物质溶了出来。以这个例子来看，为达到同级的浓度，使用的热水越多，就代表木质部释放物质的比例就会越高，因此杂味和涩味溶出的比例也会越多。

　　因为杂味和涩味都是木质部浸泡在水中才会慢慢释放，所以我们在同一张图表中，增加了一个红色的纵轴线，来表示苦涩味的产生。从图表中可以发现，苦涩味并非一开始就产生的，而是等给水量到某个程度时才会开始产生的，其增加幅度也不是呈直线增长。

　　从 D 线来看，苦涩味的增加是在萃取量达到75毫升后，才会往上攀升，这主要是因为水量增加所产生的重量，会压迫到颗粒吸水的状态，水量越重，颗粒吸水变差，颗粒泡水的程度也会因而增加，使得木质部的吃水速度加快，导致 D 线条是以曲线而非直线成长。

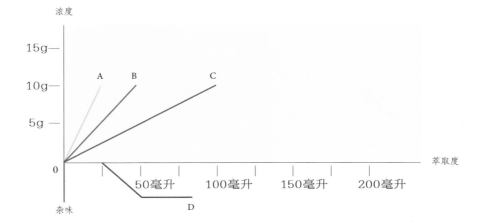

在接下来的图表中，可以将苦涩味这个不好的味道，看成是影响咖啡浓度的因子。只要将苦涩味的变化区块（B 的三角形咖啡色块），反馈到浓度变化的区块（D 的三角形咖啡色块）上，就可以看出苦涩味对于浓度的影响。

而蓝色线条的范围就是将浓度扣除苦涩味后，所呈现出来的整体咖啡风味。

刚开始冲煮时，咖啡颗粒所释放出来的浓度会因同时释出的苦涩味而减弱一部分的风味。而随着萃取量增加，可溶性物质也会越来越少，当萃取量达到 200 毫升左右时，苦涩味就会再度被溶出来。所以，千万别为了想增加萃取量而继续给水，导这样会致萃取出来的都是苦涩味，而让原本完美萃取的咖啡坏了风味。

D 曲线的苦涩味是否持续增加，和咖啡颗粒是否浸泡（静止）在水里有绝对的关系。而颗粒是否在静止在水里，可以由水位下降速度来判断。一旦水位下降速度放缓，咖啡颗粒泡在水里的话，苦涩味就会再度被释放，进而减弱萃取的浓度。此状况可参考下面的图示。

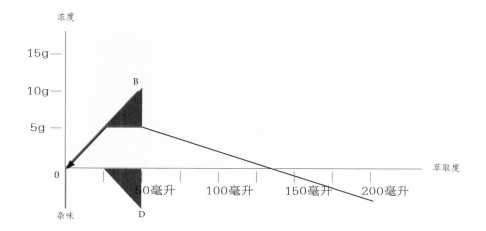

132

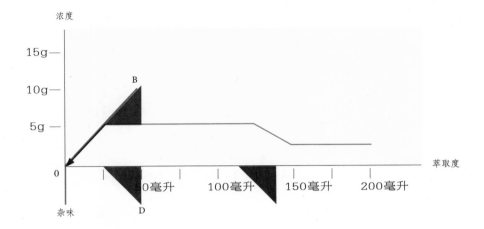

——萃取率（萃取量）　　｜浓度（粉量）

假设当萃取量达到100毫升时，滤杯水位下降速度明显变慢且慢慢静止时，就表示咖啡颗粒已经泡在水里，让木质部释放出苦涩味，其浓度降低。所以，当萃取量一样达到200毫升时，橘色线条的范围就是整体咖啡风味图。

这个图示所呈现的风味，可以直接反映舌尖、舌中与舌根所感受的口感。

当这杯咖啡入口时，舌尖就能马上察觉偏淡的浓度；当咖啡接近舌根时，则因为浓度更低，而让舌根只感受到苦味和涩味。

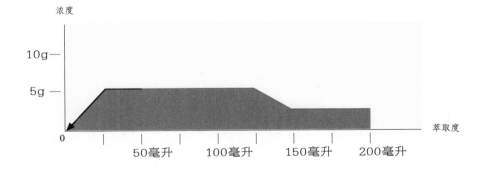

UGLY DUCKLING
Coffee house & Barista training center

　　"丑小鸭"是一个整合咖啡资源的训练中心。从一颗豆子，到一杯咖啡，在这里你都可以找到你所需要的专业知识与训练。

　　虽然食物饮料会因个人喜好而产生主客观因素，但要达到好吃好喝还是有一定的标准，这也是"丑小鸭训练中心"的强项——系统化训练。

　　在国外专研Espresso & Latte Art的这条路上也算是累积了许多的经验与收获！纵观现在的情况，意式咖啡的训练是可以更具有完整性及系统化的，甚至可通过完整的训练体系让热爱咖啡的人在国际舞台上发光发热。

　　就像丑小鸭一样，大家都有成为美丽天鹅的无穷潜力！我们有信心，经过"丑小鸭"的训练之后，你会——从爱喝到会喝，从品尝到鉴定，从玩家到专家，从业余到职业。

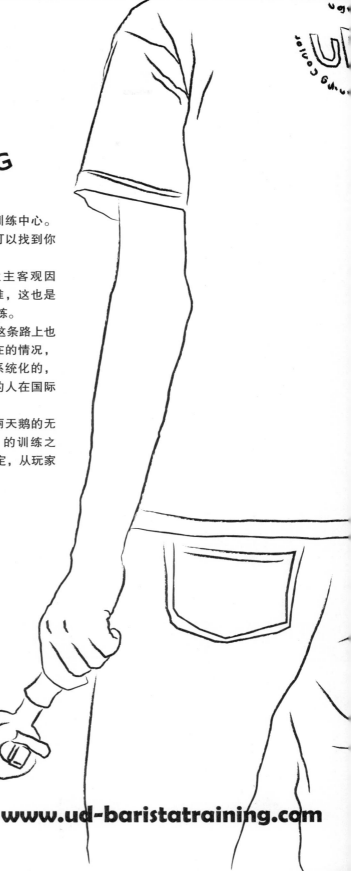

www.ud-baristatraining.com

图书在版编目（CIP）数据

手冲咖啡　完美萃取 / 丑小鸭咖啡师训练中心编著 .
— 青岛 : 青岛出版社 , 2016.11
ISBN 978-7-5552-4691-6

Ⅰ . ①手… Ⅱ . ①丑… Ⅲ . ①咖啡 – 配制 Ⅳ . ① TS273

中国版本图书馆 CIP 数据核字 (2016) 第 228387 号

本书中文简体出版权由台湾东贩股份有限公司授权，原著作名为：《手冲咖啡大全 2　完美萃取》。山东省版权局版权登记号：图字 15-2016-170 号

	SHOUCHONG KAFEI WANMEI CUIQU
书　　　名	手冲咖啡　完美萃取
编　　　著	丑小鸭咖啡师训练中心
出 版 发 行	青岛出版社
社　　　址	青岛市崂山区海尔路182号（266061）
本 社 网 址	http://www.qdpub.com
邮 购 电 话	0532-68068091
责 任 编 辑	贺　林
封 面 设 计	任珊珊
设 计 制 作	张　骏
制　　　版	青岛帝骄文化传播有限公司
印　　　刷	青岛北琪精密制造有限公司
出 版 日 期	2016年12月第1版　2025年3月第7次印刷
开　　　本	16开（710毫米×1010毫米）
印　　　张	8.5
字　　　数	80千
图　　　数	386幅
书　　　号	ISBN 978-7-5552-4691-6
定　　　价	36.00 元

编校质量、盗版监督服务电话　4006532017　0532-68068050
建议陈列类别：生活类　饮品类　咖啡